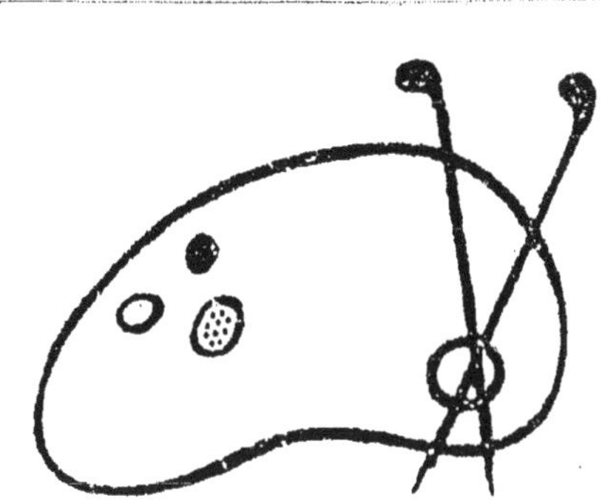

Début d'une série de documents en couleur

N° 95 Prix : 10 centimes.

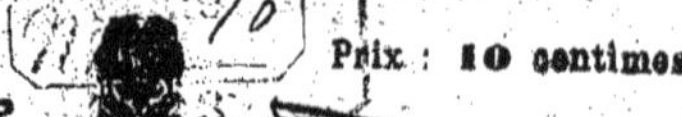

LE LIVRE POUR TOUS

MILLE ET UN MANUELS POPULAIRES

HYGIÈNE · DROIT · MINES · BEAUX-ARTS · MÉDECINE · PHYSIQUE · CHIMIE · HISTOIRE · CHASSE · PÊCHE · FINANCE · BOURSE · COMMERCE · MÉTIERS · SCIENCE

SCIENCE

LES MOTEURS A GAZ

L. BOULANGER, éditeur, 90, boul. Montparnasse, PARIS.

LE LIVRE POUR TOUS

VOLUMES PARUS

1. **Hygiène** : *La santé.*
2. **Médecine** : *Les maladies et les remèdes.*
3. **Science** : *La photographie.*
4. **Littérature** : *La littérature française.*
5. **Géographie** : *L'Afrique française.*
6. **Armée** : *Le service militaire.*
7. **Science** : *L'astronomie.*
8. **Histoire** : *Histoire romaine.*
9. **Horticulture** : *Les fleurs.*
10. **Travaux manuels** : *La couture.*
11. **Hygiène** : *Les falsifications.* Aliments.
12. **Hygiène** : *Les falsifications.* Boissons.
13. **Armée** : *Les écoles militaires.* Saint-Cyr.
14. **Finances** : *Les douanes.*
15. **Enseignement** : *Grammaire anglaise.*
16. **Médecine** : *Anatomie et physiologie.* Appareil digestif.
17. **Économie sociale** : *Les impôts.*
18. **Science** : *Éléments d'arithmétique.*
19. **Littérature** : *La littérature française.* Le XVIe siècle.
20. **Économie sociale** : *L'épargne.*
21. **Droit** : *La justice de paix.*
22. **Géographie** : *L'Europe.*
23. **Économie sociale** : *Les assurances.*
24. **Science** : *L'électricité.*
25. **Beaux-Arts** : *La peinture sur porcelaine.*
26. **Agriculture** : *Les engrais.*
27. **Littérature** : *La littérature française.* XVIIe siècle, 1re période.
28. **Économie domestique** : *La cave et les vins.*
29. **Droit civil** : *Les enfants.*
30. **Science** : *Botanique,* 1re partie.
31. **Hygiène** : *La première enfance.*
32. **Arts d'agrément** : *Les feux d'artifice.*
33. **Science** : *La chimie.*
34. **Horticulture** : *Les arbres fruitiers.*
35. **Droit civil** : *Le mariage.*
36. **Géographie** : *La Russie.*
37. **Agriculture** : *La viticulture.*
38. **Arts d'agrément** : *La pêche.*
39. **Littérature** : *La littérature française,* XVIIe siècle, 2e période.
40. **Science** : *Botanique.* La vie des plantes, 2e part. Fleurs et fruits.
41. **Science** : *Les microbes.*
42. **Arts d'agrément** : *La chasse.*
43. **Géographie** : *L'Allemagne.*
44. **Histoire** : *La France,* 1re partie.
45. **Littérature** : *La littérature française.* XVIIIe siècle.
46. **Science** : *L'homme préhistorique.*
47. **Géographie** : *L'Océanie.*
48. **Littérature** : *La littérature française.* XIXe siècle.
49. **Histoire** : *La France,* 2e partie.
50. **Enseignement** : *Grammaire anglaise.* Syntaxe et prononciation.
51. **Science** : *Cosmographie,* 1re part.
52. **Science** : *Cosmographie,* 2e partie.
53. **Métiers** : *L'imprimerie.*
54. **Histoire** : *Histoire de France.*
55. **Métiers** : *La typographie.*
56. **Cuisine** : *L'office.*
57. **Travaux manuels** : *Le tricot.*
58. **Cuisine** : *Les viandes,* tome I.
59. **Cuisine** : *Les viandes,* tome II.
60. **Histoire** : *Histoire ancienne.*
61. **Science** : *Torpilles et torpilleurs.*
62. **Médecine** : *La rage et l'Institut Pasteur.*
63. **Armée** : *Les fusils à répétition.*
64. **Science** : *Les tremblements de terre.*
65. **Armée** : *Les projectiles.*
66. **Science** : *Les ballons dirigeables.*
67. **Armée** : *Les mitrailleuses.*
68. **Science** : *L'électricité au théâtre.*
69. **Industrie** : *Le canal de Suez.*
70. **Industrie** : *Les aiguilles.*
71. **Armée** : *Les canons.*
72. **Industrie** : *Les locomotives.*
73. **Science** : *La lumière électrique.*
74. **Industrie** : *Les mines.*
75. **Viticulture** : *Le phylloxera.*
76. **Industrie** : *Le tissage de la soie.*
77. **Grandes écoles** : *La manufacture de Sèvres.*
78. **Hygiène** : *L'alcool.*
79. **Grandes écoles** : *Les Gobelins.*
80. **Beaux-Arts** : *Les faïences anciennes.*
81. **Littérature** : VICTOR HUGO. *A travers son œuvre.*
82. **Industrie** : *Les tissus façonnés.*
83. **Littérature** : MOLIÈRE. *Les précieuses ridicules.*
84. **Littérature** : MOLIÈRE. *Le tartufe,* I.
85. — — — t. II.
86. **Industrie** : *Les alcools,* tome I.
87. — — tome II.
88. — *La bougie.*
89. **Arts et métiers** : *La gravure,* t. I.
90. — — t. II.

POUR PARAITRE

91. **Littérature** : BEAUMARCHAIS. *Le Barbier de Séville,* tome I.
92. **Littérature** : BEAUMARCHAIS. *Le Barbier de Séville,* tome II.
93. **Littérature** : MOLIÈRE. *L'école des maris.*
94. **Littérature** : HÉGÉSIPPE MOREAU. *Contes.*
95. **Science** : *Les moteurs à gaz.*
96. — *Les premiers ballons.*
97. — *La direction des ballons.*
98. — *Les piles électriques,* I.
99. — — t. II.
100. **Littérature** : LA FONTAINE. *Fables choisies.*

10 centimes le volume.

LE LIVRE POUR TOUS

Aujourd'hui un livre, quel qu'il soit, ne peut compter sur un grand succès durable que s'il est tellement *bon marché* que tout le monde puisse l'acheter sans compter, s'il est *tellement intéressant* et utile, que tout le monde dise : « *Je veux le lire, l'avoir et le garder.* »

Or il n'y a pas de livres d'un intérêt plus réel, d'une utilité plus pratique et plus constante que ceux qui fournissent des *renseignements précis et complets* sur ce que tout le monde veut savoir et doit connaître.

Mais ces livres d'information et de référence ne sont vraiment bons qu'à la condition d'être des guides toujours sûrs, des conseillers toujours prêts à répondre exactement aux nombreuses questions que l'on a sans cesse à résoudre. Ils doivent être méthodiques, exacts, clairs, faciles à manier, commodes à emporter partout avec soi. Ils doivent en outre constituer dans leur ensemble la meilleure et la plus parfaite des encyclopédies; et en même temps chacune de leurs parties doit former un tout distinct, de telle sorte que celui qui veut se contenter de cette partie unique y trouve tout ce dont il a besoin.

Un dictionnaire ne peut réunir ces avantages : s'il est volumineux, il est cher et par conséquent pas à la portée de tous; s'il est petit, il est restreint, et les articles en sont nécessairement écourtés, incomplets. De plus le dictionnaire renvoie d'un mot à l'autre, il ne peut se lire à la suite, il contient des redites. Les manuels, les traités sont évidemment plus utiles, mais ils sont d'ordinaire d'un prix élevé, surtout quand il s'agit de questions spéciales ou scientifiques ou techniques.

Nous avons pensé qu'il restait à créer une collection réunissant, à la fois, l'utilité des dictionnaires et celle des manuels, et d'un prix si minime que tout le monde puisse se la procurer.

Nous avons donné à cette collection un titre général disant d'un mot ce qu'elle est :

Le Livre pour tous, c'est-à-dire le livre indispensable à tout le monde, le livre auquel on doit avoir recours en toute occasion et qui mérite toute confiance.

Le Livre pour tous donne à tous les connaissances nécessaires à tous. Il est le vade-mecum de toute instruction pratique, le répertoire de toutes les sciences usuelles.

Le Livre pour tous est le livre de tous ceux qui travaillent, qui étudient, qui s'informent, qui veulent s'éclairer, c'est-à-dire tout le monde.

Ce qui distingue notre collection de toutes celles que l'on a publiées dans le même genre et ce qui fait sa supériorité sur toutes les compilations adressées aux lecteurs sous prétexte de vulgarisation, ce qui doit lui donner la préférence sur les dictionnaires et les manuels, c'est, nous le répétons :

1° Le *bon marché*. — Chacun de nos volumes ne coûte que 10 centimes, et contient comme texte le tiers d'un volume ordinaire de 300 pages vendu 3 fr. 50 et même de 4 à 6 francs.

2° *L'abondance et l'exactitude des renseignements*. — Chacun de nos volumes est rédigé avec le plus grand soin par des auteurs compétents d'après les travaux les plus récents et les plus autorisés.

3° La *commodité du format*. — Chacun de nos volumes peut facilement tenir dans la poche, on peut l'emporter avec soi à la promenade, le lire en voiture, en omnibus, en chemin de fer.

4° La *clarté du texte*. — Les volumes sont imprimés en caractères neufs, lisibles sans fatigue, et les matières sont disposées de telle sorte que d'un coup d'œil on trouve ce que l'on cherche.

5° La *valeur documentaire*. — Chaque volume forme un tout ; mais l'ensemble des volumes forme une encyclopédie. Dans chaque volume, chaque sujet est traité à fond. De plus chaque volume est accompagné de documents, de tables de références, de tables statistiques, etc., qui sont d'un usage précieux.

Il suffit d'avoir sous les yeux un seul de nos volumes pour se rendre compte de l'importance de notre collection et des services qu'elle rend.

Tous les volumes de la collection sont rédigés avec le même soin, d'après la même méthode et dans le même but d'utilité.

N. B. Le Livre pour tous *peut être mis dans toutes les mains. C'est la meilleure récompense à donner aux élèves dans toutes les écoles. C'est la collection la plus utile à tout le monde.*

L'éditeur-gérant : L. BOULANGER.

Sceaux. — Imp. Charaire et Cie.

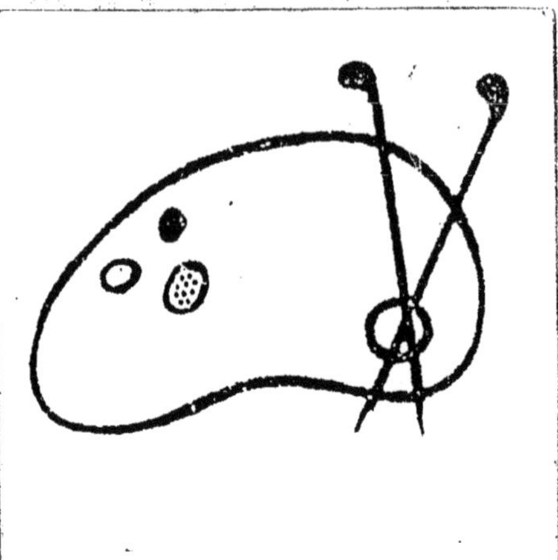

Fin d'une série de documents
en couleur

LES MOTEURS A GAZ

LES MOTEURS A GAZ

Les moteurs à gaz, qui sont à peine connus depuis vingt ans, sont déjà très répandus et se répandront encore davantage parce que leur emploi est économique, dans toutes les industries où l'on n'a pas constamment besoin du moteur.

Alimentés par le gaz d'éclairage, que l'on trouve aujourd'hui à peu près partout, ils ne consomment que quand ils travaillent.

De plus, ils tiennent peu de place, peuvent s'installer sans bâti, sans fondation, partout où l'on trouve une prise de gaz et une prise d'eau, et ils marchent quand on veut, sans mise en train préalable.

Il n'y a que deux robinets à tourner et tout est dit.

Avant de passer en revue ces divers appareils, depuis le moteur Lenoir qui est le plus ancien, jusqu'au moteur François qui est le plus moderne, nous dirons quelques mots de la matière première, sans entrer dans tous les détails de la fabrication, mais seulement pour donner une idée de la production de ce fluide, que nous devons étudier comme force motrice.

GAZ HYDROGÈNE

Le gaz d'éclairage peut s'extraire de toutes les matières organiques, dans la composition desquelles il entre du carbone et de l'hydrogène, dont la combinaison produit ce que les anciens chimistes appelaient « air inflammable ». Les graisses, les huiles, le bitume, la résine, les résidus végétaux, le bois, la tourbe, pourraient fournir du gaz ; mais on le fait généralement avec de la houille, parce que c'est la façon la plus économique de le produire, attendu que la vente des résidus de l'opération : diverses substances que l'industrie a su utiliser, et en première ligne le coke, couvre presque entièrement le prix d'achat de la matière première.

Le gaz ne coûte donc guère que la main-d'œuvre, mais cette main-d'œuvre est longue et demande un outillage considérable.

DISTILLATION

On commence par la distillation, qui se fait dans des cornues, soit de terre réfractaire, soit de fonte. Ces cornues ont la forme d'un cylindre, dans lequel on peut charger environ 100 kilogr. de houille; elles sont disposées par batteries de sept, dans des fours spéciaux, de façon à pouvoir être enveloppées par la flamme du foyer qui se trouve au centre.

A l'usine de la Villette, 448 cornues fonctionnent nuit et jour; elles sont groupées par huit batteries de sept sur les deux côtés de salles immenses, ce qui fait quatre grandes salles de 112 cornues chacune.

Notre gravure de la page 6 donnera une idée de la disposition de ces ateliers de distillation.

Lorsque les sept cornues d'une batterie sont chargées, ce qui se fait à la pelle par les ouvriers, le fourneau, qui ne refroidit jamais, est porté à une haute température; par l'action de la chaleur intense, les éléments constitutifs de la houille se séparent, il se forme des huiles empyreumatiques, du goudron, des sels ammoniacaux et divers gaz.

Ces gaz, qui s'emmagasinent provisoirement dans la tête de la cornue, s'échappent par un tube et arrivent dans un collecteur cylindrique, placé horizontalement au-dessus des fourneaux et qu'on appelle *barillet*. Ce barillet est à moitié rempli d'eau, de façon à ce que les gaz, après avoir barboté dans cette eau, remontent par un tuyau vertical, dans un collecteur général, qui dessert toute la série de batteries montées sur la même suite de fourneaux.

Un siphon, placé à chaque extrémité du barillet, facilite l'extraction du goudron, qui se dépose à la partie inférieure et qu'une canalisation conduit dans le sous-sol de l'usine, où se trouve le réservoir à goudron.

La distillation terminée, c'est-à-dire au bout de quatre heures de chauffage, des ouvriers, munis de longs ringards, vident les cornues qui contiennent maintenant du coke incandescent, et le font tomber dans un chariot de fer, qu'on emmène aussitôt plein, et que l'on verse dans la cour de l'usine, où d'autres ouvriers l'éteignent en jetant dessus des seaux d'eau.

Pendant ce temps on recharge les cornues avec de la

houille nouvelle et une nouvelle opération recommence. Pendant que cette nouvelle distillation se fait, on continue la première opération.

DÉPURATION

Le produit de la distillation, emmagasiné maintenant dans le grand collecteur, est un mélange gazeux qui n'aurait qu'une faible puissance éclairante, mais qui en revanche est douée d'une odeur infecte, qui tient précisément à la composition de ce mélange, où il y a de l'hydrogène pur, de l'hydrogène proto-carboné, de l'hydrogène sulfuré, de l'hydrogène bi-carboné, de l'oxyde de carbone, de l'acide carbonique, du sulfure de carbone, sans compter les sels ammoniacaux, les huiles empyreumatiques et le goudron, qui ne sont pas restés en totalité dans le barillet.

Toutes choses dont l'hydrogène doit être débarrassé et dont il l'est du reste par la dépuration qui comporte trois opérations : la condensation, le filtrage et l'épuration chimique.

CONDENSATION

La condensation se fait dans une série de tuyaux verticaux en forme d'*u* qu'on appelle le *Jeu d'orgues*, à cause de leur disposition qui les fait ressembler, en effet, à d'énormes tuyaux d'orgue, mais dont le nom technique est *scrubber*.

Tous ces tubes, dont la disposition est indiquée dans notre gravure d'ensemble de la page 12, plongent dans une boîte de fonte, où l'on entretient au moyen d'une pompe d'alimentation, quelques centimètres d'eau.

Le gaz, amené du collecteur, pénètre dans la première branche du tube, redescend dans la seconde, traverse l'eau, remonte la troisième et ainsi de suite. Sa circulation à travers cette longue canalisation le refroidit, mais surtout le dégage des sels ammoniacaux, qui se fondent dans le condenseur, et du goudron qui s'y arrête.

La question est d'extraire le gaz du grand barillet, car cela ne se fait pas tout seul, et on va le comprendre facilement.

Les tubes conducteurs, dont l'extrémité plonge dans l'eau du barillet, exercent sur le gaz qui traverse ce liquide une certaine pression, qui s'augmentera encore par celle qui résultera des frottements et immersions pendant les opérations suivantes, et finalement par le poids du gazomètre, que le gaz épuré doit soulever.

En outre, et cela arrive presque toujours quand l'usine est placée à un point plus élevé que les quartiers à éclairer, il y a encore à combattre la pression atmosphérique, naturellement plus élevée dans les lieux bas.

L'intérieur d'une usine à gaz (cornues de distillation).

Il en résulte donc qu'une aspiration mécanique est indispensable ; on l'obtient généralement par une pompe pneumatique actionnée par une machine à vapeur, depuis qu'on a renoncé, à peu près partout, à l'extracteur Pauwels, qui fut d'abord en usage dans les usines de Paris (alors que M. Pauwels était directeur de la Compagnie).

Cet appareil, encombrant, du reste, se composait de trois cloches pleines d'eau, qui s'élevant et s'abaissant alternativement par l'action d'un moteur à vapeur produisaient par leur ascension un vide qui aspirait le gaz et par leur abaissement un refoulement qui le poussait dans le tuyau de conduite.

Une aspiration mécanique quelle qu'elle soit, a besoin d'être réglée, car si elle était trop forte la production du gaz ne répondrait pas à la consommation de l'aspirateur, il se produirait dans les cornues un vide dangereux et si elle était trop faible le gaz, s'accumulant entre les cornues et l'aspirateur, augmenterait notablement la pression.

Un régulateur automatique s'impose donc comme une nécessité.

Tel est l'ancien système, mais il y a des scrubbers plus modernes, employés maintenant dans presque toutes les grandes usines et notamment les appareils Kœrting comprenant à la fois le condenseur, le scrubber proprement dit et l'extracteur à jet de vapeur qui remplace avantageusement l'aspirateur à pompe de l'ancien système, parce qu'il ne demande ni soin, ni attention de la part des ouvriers et qu'il consomme moins de vapeur.

La force motrice de cet extracteur est un jet de vapeur qui se mêle avec le gaz dans une série de tuyères et lui donne une telle vélocité, qu'il surmonte la contre-pression produite par les épurateurs et les gazomètres.

On le monte entre le condenseur et le scrubber, lorsqu'il est employé en combinaison avec le scrubber à vapeur ; mais si on veut l'employer avec des scrubbers ordinaires, sa place la plus convenable est entre les tuyaux d'orgue et les épurateurs, dans ce cas, il n'est pas inutile d'installer à côté un refroidisseur à eau, surtout si la conduite entre l'extracteur et le compteur de fabrication est trop courte pour permettre au gaz de se refroidir suffisamment pour qu'on puisse le mesurer exactement.

FILTRATION

La filtration a pour objet de débarrasser le gaz, — qui ne s'est encore purgé que du goudron, des huiles empyreumatiques et d'une partie des sels ammoniacaux qu'il contenait, — des matières étrangères que le gaz, en sortant des cornues, entraîne avec lui, en globules de substances diverses. Pour cela on l'oblige à traverser une agglomération de corps solides, qui offrent des surfaces pleines d'aspérités, dont le contact doit arrêter ces globules.

L'appareil employé à cet usage est appelé en Angleterre *ratisseur*, ce qui est en somme son vrai nom. En France on le désigne sous celui de *colonne à coke.*

C'est en effet un cylindre vertical, en fonte, rempli aux trois quarts de coke concassé auquel on mêle des débris de brique, le tout humecté, non plus comme autrefois avec un filet d'eau ordinaire, mais avec de l'eau ammoniacale provenant d'une précédente distillation.

Le gaz chassé par l'aspirateur, qui est généralement placé à la suite des scrubbers, arrive par le haut de cette colonne qu'il traverse dans toute son épaisseur (cinq à six mètres dans les grandes usines) et il en sort par le bas, après s'être débarrassé de la plupart des corps étrangers qu'il tenait en suspension, pour se rendre dans les épurateurs.

Dans quelques usines, on remplace maintenant les colonnes à coke par des appareils de refroidissement et de condensation composés de tubes horizontaux placés les uns au-dessus des autres.

Dans celles, nombreuses à l'étranger et surtout en Angleterre, où l'on se sert des scrubbers Kœrting, il n'en est pas besoin, puisque le gaz se purifie physiquement, aussi complètement que possible, dans les tuyaux du condenseur.

A l'usine de Saint-Mandé, l'appareil de filtrage est horizontal et le gaz, qui arrive par un côté à la partie supérieure, en sort par l'autre à la partie inférieure, après avoir traversé une couche épaisse d'un corps poreux.

Presque partout on termine l'opération, qui n'est pas encore complète, en faisant passer le gaz dans de grandes caisses en tôle, qu'on a remplies à moitié d'eau, et dont on a recouvert la surface liquide d'une plaque horizontale, percée comme un crible.

Ce dernier passage débarrasse le gaz de tous les produits empyreumatiques et de la plus grande partie des sels ammoniacaux qu'il contenait.

Reste à séparer les gaz divers qui sont toujours combinés, c'est pour cela qu'il faut une épuration chimique.

ÉPURATION CHIMIQUE

A l'origine, l'épuration chimique se faisait dans des cuves à moitié remplies d'un lait de chaux. Ce lait de chaux absorbait l'hydrogène sulfuré en produisant du sulfure de calcium; il s'emparait aussi de l'acide carbonique, en formant du car-

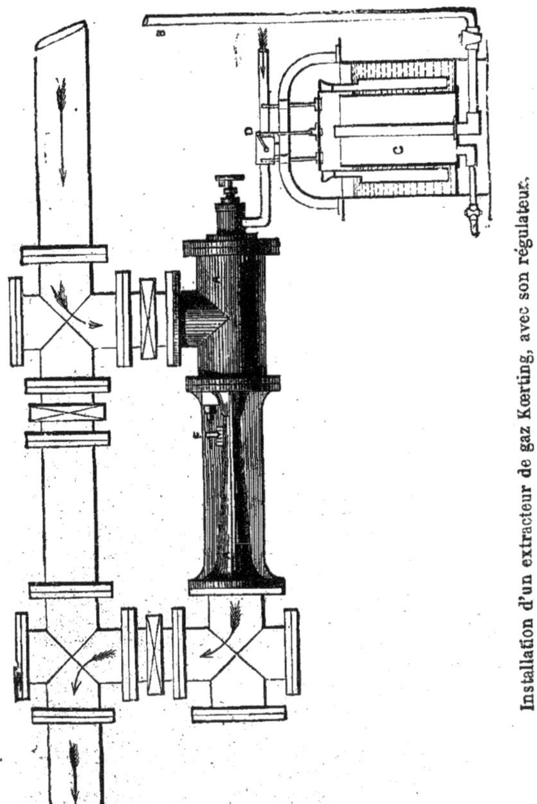

Installation d'un extracteur de gaz Kœrting, avec son régulateur.

bonate de chaux, et il décomposait les sels ammoniacaux, mais il fallait ensuite se débarrasser de l'ammoniaque libre, en faisant passer le gaz dans une eau légèrement acidulée.

Ce moyen était long, assez efficace pourtant, mais il avait l'inconvénient d'augmenter la pression dans les cornues.

On l'abandonna pour se servir de grandes caisses, en tôle ou en fonte, divisées en trois ou quatre compartiments par des claies en fil de fer, sur lesquelles on répandait de la chaux éteinte en poudre.

Le gaz arrivait par la partie inférieure de la caisse, traversait successivement toutes les couches de chaux et, la caisse étant fermée hermétiquement par un système hydraulique, il ne pouvait sortir que par l'issue qui lui était ménagée.

On se sert toujours des caisses à compartiments, mais presque partout on a renoncé à l'emploi de la chaux et l'on garnit aujourd'hui les claies métalliques d'une couche de sciure de bois, fortement imbibée de chaux et de sulfate de fer.

Cet agent est infiniment préférable, non seulement pour son énergie, mais pour les résidus qu'il produit, et qui sont utilisés par l'industrie pour faire un bleu de Prusse magnifique.

L'opération n'est, du reste, pas tout à fait la même. Ainsi, les claies sont disposées de façon que le gaz, arrivant par le fond de la caisse, sature les premières couches de sciure de bois, tandis que les couches supérieures restent fraîches ; à chaque renouvellement de la cuve, les claies sont descendues d'un étage et la dernière, rechargée à nouveau, se trouve redevenir la première et ainsi de suite.

Il y a aussi le procédé anglais, inventé par M. Lamming et qui se compose de deux épurateurs distincts.

Le gaz arrive dans le premier, qui contient du chlorure de calcium ; il y laisse son carbonate d'ammoniaque ; de là il passe dans un second, composé d'une couche d'oxyde de fer, d'une couche de sciure de bois et d'une couche de carbonate de chaux.

Là l'hydrogène sulfuré du gaz est transformé par l'oxyde de fer, en sulfure de fer ; celui-ci, abandonné pendant quelques heures au contact de l'air, devient du sulfate de fer et par suite de la réaction chimique, il se produit du sulfate de chaux et de l'oxyde de fer.

Ce sont les mêmes agents que dans le système français, qui est en somme une modification plus pratique de ce procédé.

Quelles que soient, d'ailleurs, les matières employées, il y a maintenant un moyen économique de les revivifier, c'est-à-dire de leur redonner toute la puissance d'épuration qu'elles ont pu perdre par l'usage.

C'est le souffleur à jet de vapeur du système Kœrting.

Certes, l'idée n'est pas nouvelle, et l'on comprend facilement qu'on ait essayé de longtemps à revivifier la masse d'épuration employée pour débarrasser le gaz, du soufre qu'il contient. Ce qu'on avait fait de mieux c'était de souffler de l'air atmosphérique ordinaire à travers les épurateurs, mais on n'obtenait que des résultats médiocres et qui étaient même souvent négatifs, par la raison que la prompte oxydation du soufre de fer étant toujours suivie de l'échauffement très rapide de la masse totale, aussi bien que des épurateurs; il arrivait quelquefois que les caisses brûlaient, lorsqu'elles étaient en bois.

Avec le procédé Kœrting, on peut se servir d'épurateurs en bois, sans aucun danger, et revivifier très promptement et sans déplacement, le chargement de tous les compartiments, qui, par cette raison, peut être considérablement diminué.

Une seule chose est nécessaire au bon fonctionnement de l'appareil, c'est qu'au préalable la masse de purification ait été tamisée soigneusement, de façon à être dépourvue de toute poussière; autrement, l'humidité contenue dans l'air compose avec cette poussière, une masse limoneuse qui, s'écoulant en bas, forme dans la masse d'épuration, des canaux par lesquels le gaz passe sans être purifié.

A cela près, on charge à la manière ordinaire, l'épurateur qui n'a pas besoin non plus d'être d'une construction spéciale, pourvu que son couvercle soit muni d'un trou d'homme (ce qui est le cas le plus général). Il suffit que l'on pratique à sa partie inférieure une tubulure pour laisser passer le tuyau à air, sur lequel est fixé le souffleur.

Ce souffleur, qui est d'une disposition analogue à celle de tous les appareils à jet de vapeur des frères Kœrting, doit être monté à une distance d'au moins 6 mètres de l'épurateur, afin que l'eau condensée, qui se forme par le mélange de la vapeur, ait le temps de s'abattre et de s'écouler par un robinet purgeur, placé à l'endroit le plus bas du tuyautage.

Voici maintenant comment il fonctionne. Quand l'épurateur est mis hors d'action et que la revivification de la masse est devenue nécessaire, on ouvre le trou d'homme, percé au milieu du couvercle, de l'épurateur, et l'on met en

marche le souffleur, en ouvrant entièrement le robinet du tuyau d'arrivée de vapeur, et, selon les besoins, les clapets à air, placés de chaque côté du souffleur.

L'ouverture de ces clapets se règle selon l'état et la composition de la masse ; en général il faut les ouvrir d'autant plus que la masse a été plus en usage et qu'elle est plus saturée de soufre et d'autres impuretés.

On ouvre aussi le petit robinet, placé à la partie supérieure du souffleur, mais pas plus qu'il ne faut pour laisser écouler l'eau de condensation du tuyau d'arrivée de vapeur.

Pendant que le souffleur est en marche, l'action chimique de l'air, qu'il refoule dans l'épurateur, se produit et absolument sans danger ni inconvénient ; car cet air, refoulé au moyen d'un jet de vapeur, s'imprègne d'un degré d'humidité tel, que tout échauffement successif est évité sûrement. La température dans l'épurateur s'élève, il est vrai, mais graduellement, et elle s'abaisse graduellement aussi, jusqu'à la température de l'air envoyé par l'appareil. Alors, la revivification terminée, on ferme le robinet à vapeur, les clapets à air et le trou d'homme, et l'épurateur, dont la masse est comme neuve, est prêt à être remis en action pour l'épuration du gaz.

LE GAZOMÈTRE

Sortant des épurateurs, le gaz peut être livré à la consommation, et c'est pour cela qu'on l'emmagasine dans ces grandes cuves que tout le monde connaît, et qu'on appelle des gazomètres.

Ces gazomètres sont de plusieurs sortes : il y a le gazomètre à suspension, le gazomètre télescopique et le gazomètre articulé, qu'on appelle aussi gazomètre Pauwels, du nom de son inventeur.

Le gazomètre à suspension, qui est celui que montre notre dessin d'ensemble page 12, n'est plus guère employé que dans les petites usines.

Il se compose de deux cuves : l'une creusée dans le sol, revêtue d'une maçonnerie solide et d'un enduit de ciment imperméable, est destinée à contenir de l'eau ; l'autre, qui doit recevoir le gaz, s'emboîte dans la première, de façon à la recouvrir complètement.

Au fur et à mesure que le gaz arrive à la partie *inférieure* de cette cuve, comme il est arrêté par l'eau que contient la cuve inférieure et qu'il ne peut s'échapper, il la soulève peu à peu.

En se soulevant, le gazomètre glisse dans les rainures qui lui servent de guides et un contrepoids, calculé convenablement, sert à l'équilibrer, de façon qu'il ne monte que sous la pression du gaz.

Le gazomètre télescopique est ainsi nommé, parce qu'en dehors de la cuve en maçonnerie commune à tous les gazomètres, il se compose d'une série de cylindres rentrant les uns dans les autres, comme les canons d'un télescope, et disposés de façon que la partie inférieure de chaque cylindre soit relevée en forme de rebord, où se fixe intérieurement la partie supérieure du cylindre suivant.

Quand l'appareil est vide, toutes les parties de la cloche supérieure sont emboîtées les unes dans les autres et le cylindre supérieur est au niveau de l'eau dans la cuve.

Au fur et à mesure que le gaz arrive, il soulève par la pression le premier cylindre qui se lève, guidé par des galets roulant dans une coulisse pratiquée dans les montants. Quand ce premier cylindre est plein de gaz il entraîne après lui le second cylindre, qui s'accroche dans les rebords pleins d'eau du premier et s'élève à son tour, entraînant lui-même le troisième, qui lui-même entraîne le quatrième et ainsi de suite, sans qu'il y ait aucune déperdition, à cause de la fermeture hydraulique, faite par les rebords inférieurs des cylindres, qui sont toujours remplis d'eau.

Ce système, très commun en Angleterre, est assez rare chez nous, où l'on voit surtout des gazomètres Pauwels.

Dans ce système la suspension de la cuve supérieure est remplacée par des colonnes à genouillères creuses, qui facilitent les mouvements de montée et de descente de la cloche, et qui servent en même temps de tuyau d'introduction et de tuyau d'échappement pour le gaz.

Le gaz arrive par le bas du tuyau d'introduction, qui a trois brisures à genouillères. Chaque genouillère renferme à l'intérieur deux tuyaux articulés, dont le jeu d'articulation se fait dans deux autres tuyaux qui les enveloppent comme des stuffing box.

Au fur et à mesure que le gaz s'introduit dans le gazomètre, celui-ci se soulève et les tubes peuvent suivre son mouvement, grâce à leurs trois brisures, qui leur donnent autant de jeu qu'il en faut, pour partir du niveau de l'eau dans la cuve inférieure et s'arrêter au point où le gazomètre est absolument rempli.

Inutile d'ajouter que ces appareils sont construits avec le plus grand soin ; car il importe avant tout qu'il n'y ait point de fuite de gaz ; ils sont pourvus d'une échelle métrique qui permet de constater les consommations journalières ; car ces gazomètres sont les grands compteurs, dont il suffit de tourner la clef pour alimenter tous les compteurs de la ville.

Dans les usines qui desservent Paris, leur contenance est généralement de dix mille mètres cubes. A la Villette il y en a douze comme cela, à Clichy sept ; cependant l'usine de Saint-Mandé en a deux de chacun 15,000 mètres, et deux plus gigantesques encore, puisqu'ils contiennent chacun 25,000 mètres cubes.

MOTEUR LENOIR

Le premier moteur à gaz, inventé ver 1860 par M. Lenoir, et qui fit beaucoup de bruit lors de son apparition, bien qu'il ait aujourd'hui complètement disparu de l'industrie, fut une application moderne de la machine atmosphérique de Huygens.

Seulement au lieu de se servir de la poudre à canon, comme le savant hollandais, pour déterminer le vide dans le cylindre, M Lenoir a employé le gaz d'éclairage mélangé à l'air atmosphérique; au lieu de déterminer l'explosion par une mèche d'amadou, qu'il fallait allumer à chaque instant, l'ingénieur français a pensé à l'étincelle électrique, se produisant alternativement, tantôt à l'arrière, tantôt à l'avant du piston.

La machine, dont l'aspect général est à peu de chose près celui d'un moteur à vapeur horizontal, dont elle a le cylindre, les glissières, le volant et même le régulateur à force centrifuge, consiste essentiellement en un cylindre A, couché sur le bâti de fonte de la machine, et recevant à chacune de ses extrémités un tuyau amenant du gaz d'éclairage. Ce tuyau est muni d'une poche en caoutchouc B qui fait office de régulateur de pression.

En son milieu le cylindre est fermé par un tiroir D, mû par une bielle et un excentrique et c'est par le déplacement de ce tiroir, que le gaz pénètre alternativement à l'avant ou à l'arrière du piston.

Outre la lumière qui permet l'introduction du gaz, le tiroir en a d'autres par où s'introduit l'air aspiré par le mouvement du piston, dans la proportion de 10 à 1 par rapport au gaz.

Quand une quantité suffisante du mélange gazeux est en-

Moteur à gaz Lenoir.

trée dans le cylindre, le tiroir est fermé, et l'explosion génératrice de chaleur a lieu de la manière suivante :

Une pile de 2 éléments Bunsen MM, installée près de la

machine, alimente d'électricité une bobine de Ruhmkorff L, dans laquelle le courant se *multiplie* et *acquiert la tension* suffisante à la production d'une étincelle. Deux fils partent de cette bobine, l'un fixé au cylindre, l'autre à l'appareil distributeur.

Le cylindre étant électrisé négativement, par un fil, et le piston positivement par l'autre, lorsque le piston s'approche du fil de platine appelé inflammateur, l'étincelle se produit et provoque la combustion spontanée du gaz, qui lance le piston en avant; les produits dela combustion s'échappent au dehors par le tiroir qui vient de s'ouvrir; de nouveau gaz s'introduit dans le cylindre; une seconde étincelle électrique, qui jaillit lorsque le piston arrive à fin de course, le repousse en arrière, où le même effet se produit, comme nous venons de le dire tout à l'heure.

Et c'est la répétition de ces effets alternatifs qui donne un travail moteur continu, en faisant tourner le volant d'une façon régulière.

Seulement il est indispensable que la machine soit pourvue d'un appareil réfrigérant, car l'inflammation du gaz se propageant à l'intérieur, la température s'élève et les parois du cylindre seraient bientôt à un degré de chaleur, qui rendrait tout graissage impossible.

Cet appareil est un manchon de fonte, entourant le cylindre entièrement et dans lequel circule un courant d'eau froide, qui s'écoule d'elle-même, sitôt qu'elle a atteint une certaine température.

Dans notre dessin ci-dessus, C indique le tube de l'aspiration de l'air, F le tuyau d'échappement, H le distributeur commutateur, LL les bornes qui circonscrivent le circuit électrique.

En faisant varier l'arrivée du gaz, au moyen d'un robinet N, on augmente ou l'on diminue l'intensité de l'explosion, ce qui permet de régler la puissance de la machine, qui peut s'appliquer aux mêmes emplois qu'une machine à vapeur de force égale.

On comprend, de reste, que la force de cette machine soit limitée; aussi ne peut-elle pas lutter d'économie en travail constant, avec la machine à vapeur! mais elle a sur elle d'autres avantages : la simplicité de l'installation, la facilité et la sécurité de la conduite, et surtout celui de ne consommer que quand elle travaille.

Malgré cela, cette machine ne s'est pas répandue dans

l'industrie. Cela ne lui ôte rien de son mérite, cela tient surtout aux perfectionnements nombreux apportés à la construction des moteurs de ce genre, si communs aujourd'hui, et dont elle reste le véritable point de départ.

MOTEUR HUGON

Le moteur Hugon ne diffère de la machine Lenoir que par quelques particularités.

Ainsi, le cylindre est à double effet et alimenté d'un mélange d'air et de gaz, dans la proportion de 13 parties 1/2 d'air contre 1 de gaz, fait à l'avance dans une sorte de soufflet cylindrique, disposé à l'arrière de la machine.

L'inflammation ne s'y produit pas électriquement, ce qui était une difficulté. Car déjà dans la machine Lenoir on avait été obligé de remplacer la bobine Ruhmkorff par une pile thermo-électrique de Clamond, alimentée par le gaz d'éclairage.

Dans le système Hugon, ce sont deux becs de gaz, installés dans des petites cavités ménagées au bas du tiroir et qui, par les mouvements de ce tiroir, enflamment alternativement le gaz emmagasiné dans le cylindre, à l'avant ou à l'arrière du piston.

Naturellement ces becs de gaz qui pénètrent allumés dans l'intérieur du cylindre s'éteignent par l'explosion; mais ils se rallument en revenant à leur place, au contact d'nn bec de gaz, fixe placé à l'extérieur.

Ce système, plus coûteux peut-être que l'étincelle électrique, est beaucoup préférable dans la pratique. C'est d'ailleurs, à quelques dispositions près, celui qui a été adopté par les constructeurs des machines plus nouvelles.

Comme la machine Lenoir, ce moteur ne peut fonctionner sur une grande échelle, à cause des explosions dues à desquantités de gaz considérables qu'on ne pourrait plus maîtriser; elle n'a d'ailleurs, jamais été construite qu'à la force de quelques chevaux, et les expériences qu'on a faites ont démontré qu'elle consommait par heure et par force de cheval 2 mètres cubes de gaz d'éclairage.

C'est, à peu de chose près, ce que consommait aussi le moteur Lenoir.

MOTEUR OTTO ET LANGEN

La machine que MM. Otto et Langen, constructeurs de Cologne, envoyèrent à l'Exposition universelle de 1867, s'inspirait d'une machine atmosphérique à gaz, que l'ingénieur anglais Brown avait installée pour l'élévation de l'eau, machine à laquelle on s'intéressa beaucoup en Angleterre, mais qui ne donna point les résultats qu'on en espérait, vraisemblablement parce qu'elle était de trop grandes dimensions, peut-être aussi parce qu'elle était mal combinée.

MM. Otto et Langen lui empruntèrent sa disposition verticale, et leur petit moteur se compose d'une colonne en fonte creuse, à la fois bâti pour les accessoires et cylindre moteur.

Comme on le voit par notre dessin de la page 21, à la partie inférieur de la colonne se trouve le tiroir de distribution A, et la partie supérieure, terminée en palier, sert de plaque de fondation aux appareils destinés à transformer le mouvement alternatif en mouvement circulaire continu.

A cet effet, la tige du piston, guidée par une glissière reposant sur deux minces colonnettes BB, placées en face l'une de l'autre aux bords opposés du chapiteau, et reliées entre elles dans le haut, par une traverse et terminée par une crémaillère dont les dents engrènent avec une roue dentée C, montée sur l'arbre du volant, et munie intérieurement d'une roue à rochet, qui la fixe sur l'arbre lorsque la crémaillère descend, et la laisse folle lorsqu'elle remonte.

Sur l'arbre moteur, mais à l'autre extrémité, est une seconde roue dentée D, qui engrènent sur une autre, portée par l'arbre des excentriques, et commande ainsi le mouvement du tiroir, par une disposition nouvelle, analogue au système des échappements à ancre qu'on emploie en horlogerie, et qui permet aux excentriques de n'être en mouvement, que pendant le court espace de temps que le piston emploie pour décrire le bas de sa course.

Quant au moteur proprement dit, son fonctionnement repose, comme dans la machine Lenoir, sur l'inflammation du gaz emmagasiné avec un mélange d'air, dans le cylindre, et voici comment il produit le mouvement.

Dans la première partie du mouvement du tiroir, la lumière qu'il démasque laisse échapper les résultats de la combustion; sitôt après, le mélange d'air et du gaz s'introduit par des tuyaux spéciaux et une troisième lumière, dans laquelle se trouve un conduit de gaz, qui s'enflamme en s'approchant d'un bec allumé, placé extérieurement, est rapidement mise en contact avec l'intérieur du cylindre et détermine l'explosion.

Moteur à gaz Otto et Langen.

Cette explosion repousse naturellement le piston dans le cylindre, à une hauteur proportionnée à la force expansive du gaz qui le pousse; après quoi il retombe de son propre poids, ce qui économise la deuxième explosion, que dans les systèmes précédents il fallait faire à l'avant du piston.

Cette combinaison réduit à 1m,30 ou 1m,20 la consommation du gaz, par heure et par force de cheval.

Mais l'économie n'est pas tout, il y a autre chose à voir dans la pratique et il faut croire que ce qu'on y a vu n'était pas de tous points satisfaisant, puisque l'un des inventeurs, M. Otto, travaillant seul cette fois, abandonna cette machine, pour en créer une autre, qui, d'ailleurs, est devenue, à force de perfectionnements et de modifications, le véritable moteur à gaz industriel.

MOTEUR OTTO

Pour sa nouvelle machine, qui ne date que de 1877, M. Otto est revenu à la disposition horizontale, et son moteur a les mêmes apparences et les mêmes organes qu'une machine à vapeur à simple effet : piston, cylindre, bielle et arbre coudé. Seulement il en diffère par la construction du cylindre qui est ouvert d'un côté, et naturellement par son alimentation, qui est l'air et le gaz mélangés, en proportions variables comme nous le verrons plus loin.

L'air est emmagasiné dans un réservoir à air qui se trouve sous le moteur; le gaz arrive par un tuyau de conduite muni d'un robinet, permettant de régler son admission.

Le piston, dont la tige est, comme dans tous les moteurs, en connexion par bielle et manivelle, avec un arbre sur lequel est calé un fort volant, n'affecte pas de disposition particulière. Seulement il ne va pas jusqu'à l'extrémité du cylindre, car lorsqu'il est à bout de course il laisse, entre lui et le fond du cylindre, un espace qu'on appelle chambre de compression.

Derrière le fond du cylindre est l'appareil de distribution c'est-à-dire un tiroir mû par une bielle, qui reçoit son action d'une transmission prise sur l'arbre moteur, par l'intermédiaire d'engrenages, car le tiroir ne doit pas faire le même nombre d'oscillations que le piston.

Un premier coup de piston en avant aspire dans la chambre de compression un mélange d'air et de gaz. Revenant en arrière, le piston refoule et comprime ce mélange dans la chambre de compression ; au même instant le tiroir démasque un filet de gaz allumé qui enflamme le mélange ; les gaz se dilatent et il s'ensuit une élévation de température qui produit une augmentation considérable de pression. Celle-ci, agissant alors sur le piston, le pousse au bout de sa course et constitue la force motrice.

Revenant une deuxième fois en arrière, le piston chasse devant lui les produits de la combustion, qui sont détendus, refroidis, et qui s'échappent dans l'atmosphère par un tuyau spécial.

Et ainsi de suite, tant que la machine est en marche, ce qui donne par conséquent une inflammation pour deux coups de piston, et explique le diamètre relativement considérable donné au volant, puisque c'est la force réelle qui s'y accumule, qui fournit le travail de la compression.

La régularisation de la machine se fait par un appareil d'une disposition spéciale, qui intercepte l'arrivée du gaz, et conséquemment suspend l'inflammation, quand la vitesse accquise dépasse la vitesse normale.

M. Otto a, d'ailleurs, trouvé un moyen de faire marcher sa machine en quelque sorte à détente, par la décroissance régulière des pressions, qu'il obtient par le ralentissement relatif, apporté à la combustion de mélange.

Ce ralentissement est dû à la composition de la masse gazeuse soumise à l'inflammation, qui varie selon les périodes du travail.

Ainsi, grâce à la disposition des lumières du tiroir, il s'introduit d'abord dans le cylindre un mélange composé de 1 partie de gaz et de 15 d'air ; c'est le mélange *faiblement explosif*, auquel succède un mélange de 7 parties d'air contre 1 partie de gaz, qui est dit : *fortement explosif*. Mais cela n'est d'aucune difficulté dans la pratique, car les mélanges s'opèrent automatiquement dans le cylindre.

La consommation du gaz d'éclairage est en moyenne de 750 litres par heure et par force de cheval, pour les machines puissantes ; un peu plus pour les petits moteurs, mais elle ne dépasse jamais un mètre cube, ce qu'il est facile de vérifier d'ailleurs, en plaçant un compteur spécial entre le moteur et la conduite principale.

La consommation d'eau, sur laquelle il faut compter aussi, car il en faut pour refroidir le cylindre, est de 30 à 50 litres par heure et par force de cheval ; cette eau peut être emmagasinée dans un réservoir, mais il vaut mieux faire un

Moteur à gaz Otto.

branchement sur une conduite d'eau forcée; c'est, du reste, indispensable quand la force du moteur est de plus de 10 chevaux, car il faut alors disposer d'un courant d'eau froide.

Comme on le voit, c'est extrêmement simple, peu encombrant, et surtout économique, puisque la machine, qui n'a pas besoin d'être tenue en pression, comme un moteur à vapeur, ne dépense que si elle travaille : on ouvre le robinet du gaz quand on veut la mettre en train, on le ferme quand on veut l'arrêter et tout est dit.

Et c'est la raison du succès de cet appareil, qui est déjà, bien qu'il n'existe que depuis peu, répandu par milliers dans l'industrie française, où les moteurs de 25 chevaux ne sont pas rares; on en voit même quelques-uns de 50 chevaux.

MOTEUR BISSCHOP

Le moteur Bisschop, étudié spécialement pour les petites industries, qui n'ont besoin que d'une force motrice se comptant par kilogrammètres et non plus par chevaux-vapeur, a eu le même succès que le moteur Otto.

Il est connu seulement depuis 1880, et déjà MM. Mignon et Rouart, concessionnaires du brevet, en ont vendu plus de deux mille.

Il se construit depuis la force de 3 kilogrammètres jusqu'à celle de 75 (un cheval-vapeur), mais ceux qu'on emploie le plus généralemment sont de 6 kilogrammètres, représentant la force moyenne d'un homme qui travaillerait toute la journée sans interruption.

Dans ces conditions, où il peut actionner des machines à coudre, des tours, des outils, des machines-outils et remplacer avantageusement le travail dangereux de la pédale et l'abrutissant métier de tourneur de manivelle, il a 1^{m},25 de hauteur, 66 centimètres de longueur et 55 centimètres de largeur; son poids total est de 290 kilogrammes, et il ne dépense pas plus de 450 litres de gaz à l'heure; soit 1 fr. 35 pour une journée de travail de 10 heures (avec un moteur de 4 hommes, la dépense est réduite à 2 fr. 10).

Moteur de famille par excellence, il est extrêmement robuste et d'un maniement facile.

Le piston et le tiroir ne se graissent jamais; par conséquent ils ne peuvent s'encrasser et sont susceptibles de marcher nuit et jour à la force indiquée, sans interruption comme sans surveillance.

De plus des ailettes en fonte, disposées à la partie inférieure du cylindre présentant une grande surface de refroidissement, empêchent l'appareil de s'échauffer; ce qui dispense d'employer l'eau pour condenser la vapeur produite, au moment de l'inflammation du mélange.

Grâce à cette ingénieuse disposition il n'y a aucune dépense d'installation et de conduite d'eau à faire, et l'appareil peut être établi partout où pénètre le gaz d'éclairage. Il n'y a qu'à le poser sur le plancher, en le reliant à la prise de gaz par une tuyauterie en caoutchouc.

Voici, d'ailleurs, une description de ce moteur.

Utilisant directement l'explosion d'un mélange de 95 parties d'air et 5 parties de gaz, qui produit sur le piston une pression de cinq atmosphères il se compose d'un cylindre vertical surmonté d'un bâti glissière dans lequel se meut la tête du piston.

A cette tête est articulée la bielle qui, par une manivelle, donne le mouvement à l'arbre moteur sur lequel sont calés le volant et la poulie de transmission; le tuyau de prise de gaz sur lequel se branche celui qui alimente le bec déterminant l'enflammation du mélange dans le cylindre, est muni de deux poches : la plus grande a pour but d'éviter de faire danser par l'effet des coups de piston, la flamme des becs de gaz allumés dans le voisinage; la plus petite sert de régulateur à l'introduction du gaz dans le moteur.

Quant au fonctionnement, il est très simple. On ouvre les robinets de prise de gaz du bec d'allumage, que l'on allume on voit alors quelques gouttelettes d'eau se déposer sur la paroi extérieure de l'appareil. Lorsqu'elles ont disparu, c'est-à-dire au bout de quelques minutes, c'est que l'appareil est suffisamment chauffé et qu'on peut le mettre en train, en faisant faire avec la main deux ou trois tours au volant : en même temps on a ouvert le robinet du tuyau qui amène le gaz à la partie inférieure du cylindre; le mélange d'eau et de gaz est enflammé par le bec constamment allumé et l'explosion qui se produit fait monter le piston, qui redescend par l'effet de la vitesse acquise par le volant et chasse les gaz de la combustion par le tuyau d'échappement. Un nouveau mélange explosible se fait et est introduit dans le cylindre, par une soupape, manœuvrée par un excentrique fixé sur l'arbre, et le mouvement se reproduit régulièrement et sans interruption, tant que le robinet de prise de gaz est ouvert.

Moteur à gaz Bisschop.

MOTEUR BÉNIER

Le moteur Bénier, dont on parle beaucoup depuis quelque temps, a presque toutes les qualités du précédent sans en avoir les inconvénients : poids relativement considérable pour un moteur domestique, et nécessité de chauffer avant la mise en marche.

Il consomme aussi peu de gaz. Ce qui est une considération.

Sa forme est à peu près celle d'une boîte sur laquelle le tiroir et le piston forment de légères saillies. Le volant, le petit balancier, les tiges et la manivelle sont placés sur le couvercle de cette boîte.

Quant au principe c'est toujours le même : le mouvement du piston déterminé par l'explosion du gaz. Seulement l'application diffère. Ainsi la course du piston est très réduite, ce qui permet de brûler moins de gaz et échauffe moins les pièces. Il n'est donc pas nécessaire d'établir de conduite d'eau pour le refroidissement du cylindre. Quelques litres d'eau versés dans la boîte qui entoure le tiroir et le piston sont très suffisants pour plusieurs jours.

Cette machine, pourtant toute moderne, a adopté le balancier des anciens constructeurs, mais elle a si peu de développement que cela n'a pas d'inconvénients. On en jugera par ces chiffres. Un moteur d'un kilogrammètre, suffisant pour actionner une machine à coudre, pèse 25 kilogrammes, un modèle de la force d'un cheval pèse 400 kilogrammes.

Ce n'est guère qu'à cette dimension que l'économie de gaz devient sensible ; car la machine ne consomme que 1,200 litres à l'heure, moins que le moteur Bisschop, à qui il en faut 1,850 litres mais plus que le moteur Otto qui n'en brûle que 1,000 litres.

Pour cette force, du reste, le moteur Otto conserve la supériorité, et les machines de M. Bénier ne sont appelées à réussir que pour les forces minimes. C'est là que le champ est le plus vaste, du reste, et quelque succès qu'elles obtiennent il restera encore de la place pour les machines rivales.

MOTEUR FRANÇOIS

La machine à gaz de M. François, plus récente, est moins connue que les précédentes, mais elle mérite de l'être pour les avantages qu'elle présente.

Comme on le voit par notre dessin de la page 29, elle rappelle assez l'aspect du premier moteur Otto et Langen, si ce n'est que la colonne-cylindre supporte deux volants au lieu d'un.

Moteur à gaz François (à deux volants).

Ces deux volants sont l'application d'un principe nouveau de transmission de force, principe basé sur l'inclinaison des bielles, et qui augmente considérablement la puissance motrice. En effet ces bielles, fixées de chaque côté de la tête du piston, forment un parallélogramme parfait et dirigent verticalement la tige du piston, ce qui, supprimant les glissières, évite tout frottement de coulisseau.

Quant au moteur proprement dit, établi sur le même principe que les précédents et pour les mêmes usages industriels, il n'en diffère que par quelques modifications apportées à la disposition des organes, et partant au fonctionnement.

Ainsi, il n'a pas besoin d'un chauffage préalable, comme

le moteur Bisschop, pour être mis en marche. Il ne consomme point d'eau, comme le moteur Bénier, pour le refroidissement du cylindre. Il ne demande absolument pour fonctionner que du gaz et de l'air, qui sont introduits dans le cylindre par un tiroir actionné par un excentrique, et qui se trouve sous le fond du cylindre.

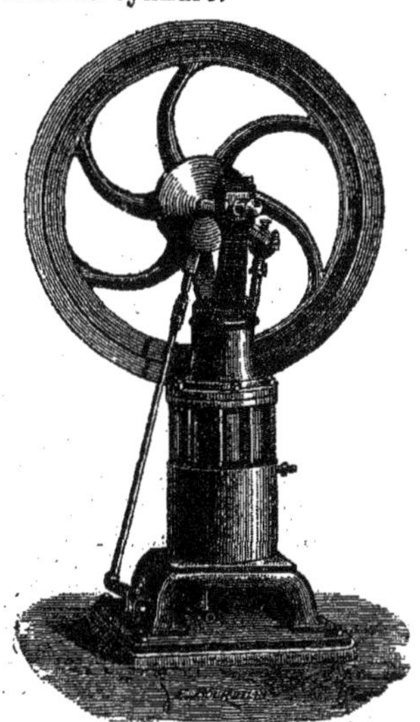

Moteur à gaz François (à bielle unique).

Ce tiroir, d'une disposition nouvelle et très ingénieuse, joue dans la machine un rôle remarquable, parce qu'il est multiple. Ainsi, il sert à introduire le gaz et l'air dans le cylindre, à en faire le mélange pendant l'introduction; il renferme l'inflammateur qu'il démasque par son mouvement alternatif, pour lui permettre de mettre en combustion les gaz explosibles; il sert à l'expulsion des produits de la combustion; enfin il établit les ouvertures et les fermetures en temps voulu et évite toute soupape.

Une autre disposition ingénieuse de la construction

permet de lubrifier toutes les parties intérieures de l'appareil, au moyen d'un graisseur placé au haut de la colonne, et qu'il suffit d'entretenir. C'est, d'ailleurs, la seule surveillance que demande ce moteur, qui utilise le mieux les phénomènes de l'explosion du gaz, et du vide qui en résulte. Aussi permet-il de réaliser une économie notable sur la consommation.

Ainsi un moteur de la force de 6 kilogrammètres brûle par heure 200 litres de gaz ; un moteur de 12 kilogrammètres 330 litres, et ainsi de suite avec une diminution relative jusqu'à ne plus brûler que 1,100 ou 1,200 litres pour un moteur d'un cheval de force.

A cet égard, c'est de tous les petits moteurs, dits de famille, le plus économique. Son seul défaut c'est d'être un peu cher d'établissement.

De la force d'un homme il coûte 750 francs, tandis que le moteur Bisschop ne coûte que 640, et le moteur Bénier encore moins.

M. François construit, du reste, un autre moteur plus économique, et comme prix de revient et comme consommation.

Établi sur le même principe que celui que nous venons d'étudier et fonctionnant de la même manière, régulièrement et sans bruit, il n'a qu'un seul volant et sa bielle unique est disposée pour jouer le même rôle que les deux de son premier type.

Cette simplification (le meilleur de tous les perfectionnements) ne sera pas sans influence sur sa destinée.

Malheureusement l'emploi des moteurs à gaz, en dehors de l'industrie proprement dite, est et sera vraisemblablement longtemps encore très limité.

Le moins cher est encore d'un prix trop élevé, et pour que le moteur à gaz, capable d'actionner une machine à coudre, pût rendre les immenses services dont il est susceptible, il faudrait que l'ouvrière fût à même de l'acheter aussi facilement qu'une machine à coudre.

Ce temps viendra sans doute, car les petits moteurs à gaz sont appelés à un grand avenir... jusqu'au jour, du moins, où les moteurs électriques qui les remplaceront certainement, à un moment donné, pourront être alimentés aussi économiquement.

LUCIEN HUARD.

TABLE DES MATIÈRES

Sceaux. — Imp. Charaire et Cie.

www.ingramcontent.com/pod-product-compliance
Ingram Content Group UK Ltd.
Pitfield, Milton Keynes, MK11 3LW, UK
UKHW021030200726
13857UKWH00004B/1679

9 782012 785335